極廢食堂

犬飼 TSUNA 著

連雪雅 譯

人生無力，更要填飽肚子！65 道筋疲力盡時必備超簡單食譜

suncolor
三采文化

前言

　　首先，感謝對本書有興趣的各位讀者。被書名吸引而閱讀本書的人，想必是感到相當疲累吧！

　　「我不會做菜，可是外食好貴，超商的食物已經吃膩了，好想吃自己親手做的熱騰騰飯菜，也想做給別人吃，誰來教我簡單好做的料理啊……」也許這正是你的心聲。

　　每天做菜確實很費力，「讓做菜變得稍微簡單輕鬆且兼顧美味」這樣的想法促成了本書誕生。

　　當然，有體力時也會想做比較費工的料理（其實只是「使用平底鍋」的程度）。

　　因此，本書將簡單的料理依「剩餘的體力（HP）」分類。各位可以視當天的體力選擇想吃的

料理。

　　請放心！書中全是輕鬆易做的料理，連馬鈴薯皮都懶得削的人也做得到。

　　假如各位看了會產生「啊！這個我應該做得來」的念頭，我會感到非常開心。

犬飼TSUNA

精疲力盡的時候 **本書的**

你現在的ＨＰ是多少？

5%

似有若無……

・餓到快倒地
・好想趕快填飽肚子
・想快點回家撲倒在床
・加班到深夜！！

 ➡ **PART 1**

速成料理止餓
立馬洗洗睡

20%

只剩下這麼多……

・沒辦法做費工的料理
・身心俱疲，想待在家裡吃飯
・「肚子咕嚕叫」，全身無力
・想喝啤酒放鬆身心

 ➡ **PART 2**

隨心煮煮
配著電視輕鬆吃

活用法

60%
大概還撐得住！

- 努力完成工作了，想大吃一頓
- 難得早點回家，想好好放鬆
- 想做正式一點的「料理」
- 得為家人做飯

PART 3

超商就能搞定
省事作一餐

80% 以上！
今天體力還不錯

- 今天比較早下班♪
- 今天休假！
- 打算好好吃一頓
- 想攝取充足的營養

番外篇

攝取充足營養
好好吃一頓

省事祕訣 12 招

① 微波爐是實用的烹調器具

微波爐好神！免開火、方便整理、烹調時間短，有它做菜超輕鬆。只要用耐熱盤烹調，吃完後不必洗一堆東西。

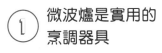

② 盡可能使用餐具直接烹調

一開始就用餐具混拌食材微波加熱的話，不但清洗的東西少，做好又能馬上吃，真是一石二鳥！

③ 電子鍋是省事料理的好幫手

別以為電子鍋只能煮飯，它可是萬能烹調器具。把材料和調味料全部放進內鍋，按下開關，料理即完成！

④ 截切蔬菜是神隊友

大賣場賣的截切蔬菜非常好用，不僅省下洗菜切菜的時間，又能減少要洗的東西，用過之後就知道有多方便。

⑤ 管狀調味料超讚

蒜泥或薑泥、山葵、梅肉、黃芥末等等，這些管狀調味料是省事料理的必備品！在平價商店也買得到。

⑥ 常備保存的冷凍蔬菜

大賣場販售的綠花椰菜或菠菜等冷凍蔬菜是萬能食材。家中有這個，就不必買用不完的蔬菜。

⑦ 罐頭想到就買

罐頭特價時請買回家存放。一來保存期限長，多買一些放在家裡也安心；二來罐頭運用範圍廣，相當好用。

⑧ 用即食飯或冷凍保存的飯

只要有即食飯或事先冷凍保存的飯，要吃的時候不必另外煮，隨時都能微波加熱享用。

⑨ 方便的烏龍麵、麵線、義大利麵

家中最好常備冷凍烏龍麵或乾燥烏龍麵、麵線、義大利麵等麵條，可以輕鬆做出豐盛的料理。

⑩ 廚房剪刀超好用

使用廚房剪刀就不必準備菜刀和砧板切菜或肉。很適合懶得洗東西或不太會用菜刀的人。

⑪ 味道勝過外觀

一個人吃飯的話，外觀好不好看根本不重要！不必浪費體力就能輕鬆享用美味的飯菜才是重要的事。

⑫ 就算食材不太夠也別在意

即使食材不夠也不要覺得碰壁，試著臨機應變，自在享受做菜的樂趣。依個人喜好，發揮創意搭配。

總而言之 **一句話，別計較小事！！！**

請選擇剩餘的體力（ HP ）

90　COLUMN 2　**HP 100%的時候**
　　預先準備冷凍蔬菜

92　剩餘的HP **60**% ➡ PART 3　回家後做點東西吃吧！
　　隨心所欲食譜

112　COLUMN 3　**倒入熱水即完成！**
　　1分鐘速成湯品

114　剩餘的HP **80**% ➡ 番外篇　挑戰極廢步驟
　　輕巧變出豐富多菜

・本書使用的微波爐是500W，若是600W，加熱時間請調整乘以0.8。如果覺得不夠熱，請再稍微加熱。
・使用微波爐或烤箱等烹調器具時，請依照使用說明書操作。
・蔬菜皆有進行清洗、去皮的事前準備，肉類也有去除多餘的油脂。
・1大匙＝15ml、1小匙＝5ml、1杯＝200ml、1ml＝1cc、1碗飯的量約150g。
・本書使用的調味醋是味滋康（mizukan）的「簡單醋」。

PART 1

剩餘的HP 5%

已經不行了……的時候
神救援絕招

累到趴地,真的沒力氣做飯了!

可是,肚子餓到不行,為各位介紹……

輕鬆上手的超～簡單食譜,迅速解決你的「餓行餓狀」

微波加熱塗一塗，放進烤箱烤即完成

5分鐘
速成蒜香吐司

POINT

塗蒜油時多塗一些，讓油稍微滲入吐司會更美味。建議使用8片裝的吐司。

🧅 材料（1人份）

吐司……2片
橄欖油……1大匙
奶油……1大匙
市售管狀蒜泥……約2cm

🥄 作法

❶ 在耐熱盤內倒橄欖油、放奶油，不包保鮮膜，微波加熱約15秒。

❷ 待奶油融化後，加蒜泥充分拌勻。

❸ 舀1大匙蒜油塗抹在一片吐司上，放入烤箱烤至表面金黃，切成適口大小。

❹ 以相同步驟處理另一片吐司，可依個人喜好酌量撒上乾燥香芹。

POINT

美乃滋鮪魚和起司絲盡量多放一些！就算是做2人份，1罐鮪魚罐頭就夠了。用長棍麵包做也很好吃。起司絲可用1片起司片代替。

兒時記憶的好滋味
好吃的鮪魚吐司
番茄醬就是關鍵

超美味！
起司鮪魚烤吐司

🍥 材料（1人份）

吐司……1片
鮪魚罐頭……1罐
番茄醬、美乃滋、披薩起司絲……依個人喜好酌量添加

🍳 作法

❶ 鮪魚罐頭倒掉湯汁，依個人喜好酌量拌入美乃滋，充分拌勻。

❷ 將吐司塗抹番茄醬，擺上大量的❶。

❸ 再撒上大量的起司絲，放入烤箱烤2～3分鐘。

 最後撒些乾燥香芹，美味更升級

米、調味料和水

統～統倒進電子鍋

按下開關就大功吉成囉！

鮪魚舞菇炊飯
鮪魚罐頭和舞菇
都是鮮味十足的優秀食材！

一罐搞定！味噌鯖魚炊飯
只要準備鯖魚罐頭和米，
就能完成超簡單的美味炊飯

POINT

使用免洗米更省事。
如果有剩，以保鮮膜
個別包裝成一餐的
量，冷凍備用。

香濃開胃 奶油飯
用電子鍋就能做的
超簡單奶油飯

**使用沖泡式高湯！
鮪魚和風炊飯**
沖泡式高湯的
日式湯頭果然不同凡響！

鮪魚舞菇炊飯

🍚 材料（**2杯米的量**）

米⋯⋯2杯（360ml）
鮪魚罐頭⋯⋯1罐
舞菇⋯⋯1包
鰹魚露（2倍濃縮）⋯⋯
4大匙
醬油⋯⋯1大匙

🌙 作法

❶ 將洗好的米、鰹魚露和醬油倒入內鍋，加水至2杯米的刻度。

❷ 接著加入剝散的舞菇，並倒入稍微倒掉湯汁的鮪魚。

❸ 按下煮飯鍵，煮好後拌勻。

POINT

鮪魚罐頭的湯汁不要全部倒掉，留下些許湯汁，可增加鮮味。

放進去

炊煮！

一罐搞定！味噌鯖魚炊飯

🍚 材料（**1杯米的量**）

米⋯⋯1杯（180ml）
味噌鯖魚罐頭⋯⋯1罐

🌙 作法

❶ 將洗好的米倒入內鍋，打開鯖魚罐頭，用湯匙擠出湯汁加進鍋中。

❷ 接著加水至1杯米的刻度，再加鯖魚，用湯匙攪散。

❸ 按下煮飯鍵，煮好後由底部翻拌均勻，盛入碗中。建議撒些蔥花一起享用。

POINT

1罐鯖魚罐頭（約190g）搭配1杯米剛剛好，若要做2杯米的量，請使用2罐。

使用沖泡式高湯！鮪魚和風炊飯

🍚 材料（**1杯米的量**）

米……1杯（180ml）
鮪魚罐頭……1罐
沖泡式高湯……1包
鰹魚露（2倍濃縮）……1大匙
蔥花……依個人喜好酌量

🍳 作法

❶ 將洗好的米倒入內鍋，加沖泡式高湯、鰹魚露。

❷ 再加水至接近1杯米的刻度，連同湯汁倒入整罐的鮪魚。

❸ 按下煮飯鍵，煮好後拌勻，盛入碗中，撒上蔥花。

POINT

如果覺得味道淡，吃的時候，再加少許鰹魚露拌一拌。

剩餘的 **5**%

全～部放進電子鍋，一指完成超輕鬆！

香濃開胃奶油飯

🍚 材料（**2杯米的量**）

米……2杯（360ml）
鴻喜菇……1包
培根（切半）……4片
高湯粉、酒……各1大匙
奶油……10～20g
黑胡椒（建議使用粗磨）……依個人喜好酌量

🍳 作法

❶ 將洗好的米倒入內鍋，加高湯粉和酒。

❷ 接著加水至2杯米的刻度，放入切除底部並剝散的鴻喜菇、撕碎的培根。

❸ 按下煮飯鍵，煮好後加奶油拌勻，撒上黑胡椒。

POINT

把培根換成小熱狗，鴻喜菇換成舞菇或杏鮑菇，也很好吃。

只要洗盤子和湯匙即可！

起司燉飯

POINT
....

使用即食飯也OK，沒
有小熱狗可用培根替
代。如果要做兩人份，
裝入大一點的耐熱容器
就能輕鬆完成！

🌰 材料（1人份）

熱飯……1碗

起司片……1片

牛奶……4大匙

冷凍菠菜……約20g

小熱狗……1～2根

起司粉……1大匙

高湯粉……1小匙

黑胡椒……依個人喜好酌量

👉 作法

❶ 將飯放入耐熱容器，撒起司粉和高湯粉，淋上牛奶。

❷ 依序擺上用廚房剪刀剪成5mm～1cm長的小熱狗、
   菠菜和起司片。

❸ 避免碰到起司片，輕輕覆蓋保鮮膜，微波加熱2分鐘，
   撒上黑胡椒拌勻。

肚子很餓的人
可以在飯裡再加一片起司！

3種調味料＋微波1分半
即完成餐館的好滋味

茄汁雞肉風味的
番茄醬拌飯

POINT
....

小熱狗可換成培根，
冷凍玉米可改用玉米
罐頭，番茄醬請依個
人喜好酌量調整。

材料（1人份）

熱飯……1碗

小熱狗……2根

冷凍菠菜、冷凍玉米粒……依個人喜好酌量

番茄醬……1～2大匙

鹽……2小撮

黑胡椒……2撮

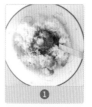

作法

❶ 飯加番茄醬混拌，依個人喜好調整味道。

❷ 擺上以廚房剪刀剪成5mm～1cm長的小熱狗、菠菜和玉米粒。

❸ 輕輕覆蓋保鮮膜，微波加熱1分30秒（若玉米粒或菠菜還沒變熱，繼續加熱），撒上鹽和黑胡椒拌勻。如果覺得味道不夠，適量加些番茄醬。

美味加分
建　議
加熱前擺上起司片，或是拌入起司粉。放上蛋包或炒蛋就成了蛋包飯。

熱飯可用冷凍飯或即食飯取代
蔬菜也可換成冷凍混合蔬菜喔！

不需要平底鍋！少油健康

免炒速成炒麵

🍴 **美味加分建議**

黃芥末和美乃滋以1：2的比例混合，淋在麵上更好吃！

POINT

想多吃蔬菜的時候，多放一些高麗菜，不加水。高麗菜可隨意撕碎。

🍥 材料（1人份）

日式炒麵……1包

截切高麗菜……依個人喜好酌量

小熱狗……2根

大阪燒醬、中濃醬……各約1大匙

（若有日式炒麵附的調味粉，不需使用醬汁）

🥄 作法

❶ 將炒麵鋪平於耐熱容器（若有調味粉請撒在麵上），擺上以廚房剪刀剪成塊狀的小熱狗，鋪放高麗菜，淋上1大匙水。

❷ 輕輕覆蓋保鮮膜，微波加熱3分鐘。

❸ 淋上2種醬汁拌勻（醬汁的量可依個人喜好酌量調整）。

POINT

蛋的硬度依個人喜好調整。即使有部分沒熟，拌一拌就會變硬了。想吃全熟蛋的人，再次包上保鮮膜微波加熱。若是做便當的話，全熟蛋比較好。

罐頭和蛋是常備好幫手！

微波加熱即完成
烤雞美味親子蓋飯

🧅 材料（1人份）

烤雞罐頭……1罐

蛋……2顆

鰹魚露（2倍濃縮）……1大匙

美乃滋……1小匙

熱飯……1碗

🍳 作法

❶ 在耐熱容器內打2顆蛋攪散，烤雞連同醬汁一起加。再加鰹魚露和美乃滋拌勻。

❷ 輕輕覆蓋保鮮膜，微波加熱2分30秒。

❸ 用筷子攪開凝固的蛋，擺到盛入碗中的飯上，邊拌邊吃。

材料（**1人份**）

冷凍菠菜……50g
白芝麻……依個人喜好酌量（建議1大匙）
酸橘醋醬油……依個人喜好酌量（建議2小匙）

作法

❶ 將菠菜放入耐熱容器，輕輕覆蓋保鮮膜，
　　微波加熱約2分鐘。

❷ 淋上酸橘醋醬油，加白芝麻拌勻。

POINT

使用芝麻粉，芝麻味更濃郁。

覺得必須攝取蔬菜的時候，務必試一試這道

酸橘醋芝麻拌菠菜

混合材料，微波加熱即完成

方便省時的微波薑燒豬肉

POINT

淺底的寬耐熱盤受熱快速且均勻。加熱完後若覺得味道不夠，可依個人喜好酌量加烤肉醬。

材料（**1～2人份**）

豬肉（切邊肉或薄切肉片等）……約250g
烤肉醬……4大匙
市售管狀薑泥……2小匙

作法

❶ 將豬肉放入大耐熱盤，加烤肉醬和薑泥
　　拌勻。

❷ 靜置5～10分鐘，不包保鮮膜，微波加熱
　　3分鐘。取出後攪散，再加熱3分鐘並翻
　　散，若有未熟的紅肉再次加熱至全熟。

微波爐＋2種調味料就能做的

微波速成萬能肉燥

 材料（方便製作的分量）

牛豬混合絞肉……250g

烤肉醬……3～4大匙

麻油……1/2大匙

 作法

❶ 在大耐熱盤內放入絞肉，加烤肉醬充分
拌勻。

❷ 不包保鮮膜，微波加熱3分鐘。取出後攪
開變硬的熟肉，和未熟的生肉混拌。再
加麻油輕拌，加熱4分鐘。

 混拌絞肉和烤肉醬時
直接使用量匙，方便省事！

美味加分建議
....
除了直接拌飯吃，也可做成韓式拌
飯或雙色蓋飯、加進烏龍麵等，非
常實用！可放進冰箱冷藏保存，但
油脂冰過後會凝固，吃的時候務必
先用微波爐加熱。

滑嫩濃稠的
起司蛋超好吃
焗烤咖哩

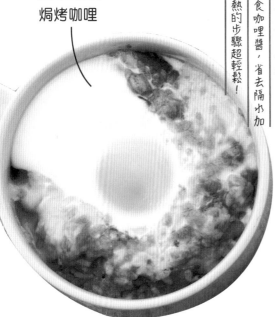

在熱好的飯淋上常溫即
食咖哩醬，省去隔水加
熱的步驟超輕鬆！

番茄肉醬×起司
百分百對味組合！
番茄肉醬焗烤飯

香濃滑順的奶油培根醬
奶油培根醬焗烤飯

POINT

先在耐熱盤內鋪入烘焙紙或鋁箔
紙，清洗的時候就會很輕鬆。不
過，使用鋁箔紙的話，絕對不能
微波加熱。復熱時為防止烤焦，
蓋上鋁箔紙，放進烤箱加熱。若
使用烘焙紙則可微波加熱。

番茄肉醬焗烤飯

🧅 材料（1人份）

番茄肉醬……1人份

熱飯……1碗

起司片……1片

（或是適量的披薩用起司絲）

🌙 作法

❶ 將熱飯放入耐熱盤，淋上番茄肉醬拌勻，擺上起司片。

❷ 放進烤箱烤約5分鐘，烤至起司上色。可依個人喜好酌量撒上乾燥香芹。

焗烤咖哩

🧅 材料（1人份）

即食咖哩醬……1人份

熱飯……1碗

起司片……1片

（或是適量的披薩用起司絲）

蛋……1顆

🌙 作法

❶ 將熱飯放入耐熱盤，淋上咖哩醬拌勻。擺上起司片，中央用湯匙輕輕壓出凹洞，打入蛋。

❷ 放進烤箱烤約5分鐘。想吃全熟蛋的話，為避免烤焦，蓋上鋁箔紙烤久一點。

奶油培根醬焗烤飯

🧅 材料（1人份）

奶油培根醬……1人份

熱飯……1碗

起司片……1片

（或是適量的披薩用起司絲）

蛋……1顆

黑胡椒……依個人喜好酌量

🌙 作法

❶ 將熱飯放入耐熱盤，淋上奶油培根醬拌勻。擺上起司片，中央用湯匙輕輕壓出凹洞，打入蛋。

❷ 放進烤箱烤約5分鐘，依個人喜好酌量撒上黑胡椒。

冷凍水餃搭配獨創醬汁超對味！
除了當配菜，也很適合當作下酒菜

酸橘醋蔥花
Q彈水餃

POINT

雖然冷凍煎餃也很方便，但水餃的口感更棒。蔥花也可冷凍，不妨常備保存。

🧅材料（**8個**）

冷凍水餃……8個

蔥花……依個人喜好酌量

Ⓐ
┌ 酸橘醋醬油……2大匙
│ 砂糖……1/2小匙
│ 市售管狀蒜泥……5mm
└ 麻油……1小匙

🌙 作法

❶ 煮一鍋開水，水餃下鍋依照包裝袋標示
的時間烹煮。

❷ 拌勻Ⓐ，做成醬汁。

❸ 撈起煮好的水餃，快速沖冷水，盛盤後
擺上蔥花、淋醬汁。

利用煮水餃的空檔製作醬汁可節省時間

如果覺得很累懶得做

只淋酸橘醋醬油搭配蔥花也很好吃！

3分鐘就搞定！用鮭魚鬆和冷凍烏龍麵
做成極品省時料理

奶油醬油鮭魚
烏龍麵

◎材料（1人份）

冷凍烏龍麵……1塊
鮭魚鬆……1.5大匙
調味海苔（海苔絲或撕碎的烤海苔皆可）……
依個人喜好酌量
奶油、醬油……各1小匙

◑─作法

❶ 冷凍烏龍麵依照包裝袋的標示微波加熱或下鍋水煮。
❷ 煮好的烏龍麵趁熱加奶油，快速混拌。擺上鮭魚鬆、淋醬油，放上海苔。如果覺得味道不夠，酌量再加些醬油。

POINT
………………
也可使用冷藏的水煮烏龍麵。將烏龍麵放入容器加熱水，微波加熱1分鐘，取出混拌後再加熱1分鐘，倒掉熱水。這麼一來就不必另外洗煮麵的鍋子了。

趁奶油還沒凝固的時候……
做好後趕緊趁熱品嘗！

鰹魚露加奶油，柴魚片是關鍵！
拌裹蛋液形成濃稠的鮮美滋味

鰹魚露奶油
生蛋烏龍麵

🍥 材料（**1人份**）

冷凍烏龍麵……1塊
柴魚片……1包（2g）
蛋……1顆
鰹魚露（2倍濃縮）……2大匙
奶油……約10g

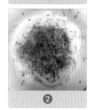

🍳 作法

❶ 冷凍烏龍麵依照包裝袋的標示微波加熱或下鍋水煮。

❷ 煮好的烏龍麵趁熱加奶油混拌。擺上柴魚片、淋鰹魚露，放上生蛋。

> POINT
> ....
>
> 也可使用冷藏的水煮烏龍麵。將烏龍麵放入容器加熱水，微波加熱1分鐘，取出混拌後再加熱1分鐘，倒掉熱水。這麼一來就不必另外洗煮麵的鍋子了。

不加生蛋也沒關係
直接吃就很好吃

活用茶泡飯調味料的省時飯
適合想要快速止飢的時候吃

茶泡飯調味料真方便！
和風乾拌烏龍麵

◍ **材料（1人份）**

冷凍烏龍麵……1塊
茶泡飯調味料……1包
麻油……1/2小匙

🥄 **作法**

❶ 冷凍烏龍麵依照包裝袋的標示微波加熱或下鍋水煮。

❷ 撒上一半的茶泡飯調味料、淋麻油混拌。再加剩下的茶泡飯調味料，味道太重的話再調整。

POINT	水煮烏龍麵通常不貴，想省錢的時候很方便。若使用水煮烏龍麵，可下鍋水煮或放入容器加熱水，微波加熱1分鐘，取出混拌後再加熱1分鐘。如果還是不夠熱，請繼續加熱。

冷凍烏龍麵和茶泡飯調味料
都是方便美味的優秀食材
多準備幾包在家中！

用沖泡式高湯做的
梅泥魩仔魚爽口烏龍麵
梅子的酸味消除疲勞，
剩下的魩仔魚可冷凍保存。

POINT
....
若家中有醃梅，可將
梅肉壓爛拌著吃。如
果再加切碎的紫蘇葉
或蔥，顏色更繽紛，
味道也更好。

用沖泡式高湯做的
蔥拌烏龍麵
超簡單的舒心滋味，
適合當作宵夜的輕鬆料理。

用沖泡式高湯做的
梅泥魩仔魚爽口烏龍麵

🍜 **材料（1人份）**

冷凍烏龍麵……1塊
魩仔魚……約3大匙
沖泡式高湯……1包
市售管狀梅泥……依個人喜好酌量

作法

❶ 冷凍烏龍麵依照包裝袋的標示微波加熱或下鍋水煮。

❷ 撒上沖泡式高湯拌勻，擺上魩仔魚、梅泥，邊拌邊吃。如果覺得味道不夠，再加些梅泥。

 梅泥也推出了管狀包裝！

方便好用，相當適合獨居的人

用沖泡式高湯做的蔥拌烏龍麵

🍜 **材料（1人份）**

冷凍烏龍麵……1塊
蔥花……依個人喜好酌量
沖泡式高湯……1包
麻油……1/2小匙

作法

❶ 冷凍烏龍麵依照包裝袋的標示微波加熱或下鍋水煮。

❷ 撒上沖泡式高湯，淋麻油、擺些蔥花。

 美味加分建議　除了蔥花，撒些海苔絲也很美味。

活用冰箱的常備品
放上去即完成的

鮭魚美乃滋蓋飯

POINT
....

如果有海苔或白芝麻，
撒上去更好吃。做成飯
糰也很棒，因為容易散
掉，請捏緊一點。

🍙 **材料（1人份）**

熱飯……1碗
鮭魚鬆……2大匙
蔥花……依個人喜好酌量
美乃滋……依個人喜好酌量
（建議1小匙）
鰹魚露（2倍濃縮）……1大匙

🍳 **作法**

飯淋上鰹魚露稍微混拌，擺上鮭魚鬆和蔥花，擠
上美乃滋。

 真的這麼簡單？烹調器具只有碗和湯匙！

POINT

因為比較重口味,建議使用減鹽的味噌鯖魚罐頭。海苔可用調味海苔或烤海苔。

製作和整理都輕鬆省時的罐頭料理

味噌鯖魚蔥花蓋飯

🍚 材料(1人份)

熱飯……1碗
味噌鯖魚罐頭……1罐
蔥花……約20g
海苔絲、美乃滋……依個人喜好酌量

🥄 作法

❶ 鯖魚罐頭倒掉湯汁,放入容器內,加蔥花和美乃滋拌勻。

❷ 將飯盛入盤中,撒上海苔絲,擺上 。吃的時候可依個人喜好酌量加美乃滋。

 味噌蔥花美乃滋無敵下飯!

一

POINT

鰹魚露的量最好是沒被麵衣屑吸光，稍微殘留在碗底。配合飯量調整其他材料的量。

美味加分建議

做成飯糰的話，就成了名古屋美食「天婦羅（風味）飯糰」。

沒有放天婦羅
仍有天婦羅蓋飯的味道喔！

天婦羅風味蓋飯

材料（1人份）

熱飯……1碗
麵衣屑……2大匙（約10g）
蔥花……2大匙（約15g）
鰹魚露（2倍濃縮）……2大匙

作法

❶ 將麵衣屑和蔥花倒入碗內，淋上鰹魚露拌勻。

❷ 加飯充分混拌，依個人喜好酌量撒上白芝麻。

有力氣開罐頭就能完成！

用罐頭做的烤雞蓋飯

🧅 材料（1人份）

熱飯……1碗

烤雞罐頭……1～2罐

蔥花、美乃滋……依個人喜好酌量

🥄 作法

將飯盛入碗中，烤雞連同醬汁一起擺在飯上，擠上美乃滋、撒蔥花。

> POINT
>
> 烤雞加熱更好吃。如果還有體力，倒入盤中微波加熱，或是把罐頭放進烤箱加熱。

先放到飯上

如果覺得「有點少？」

那就再開1罐吧！

實用好幫手 **10款推薦即食食品**

1

即食咖哩醬

即食咖哩已有配料，沒有食材的時候，完全就是解餓神隊友！請依個人喜好選擇辣味或甜味。

2

奶油培根醬

超商也有賣的義大利麵醬，除了義大利麵還有多種用途。想吃重口味的料理時請試著用用看。

3

番茄肉醬

罐頭和調理包是常見的樣式，自己做番茄肉醬很麻煩，有了這個就省事許多！

4

鱈魚卵、明太子義大利麵醬

不只用於義大利麵的調味醬，市售品有鱈魚卵和明太子口味，怕辣的人或小朋友請選鱈魚卵。

5

沖泡式高湯

沒想到常被當作調味料使用，尤其是烏龍麵或麵線的料理更是對味。有些商品會有濃郁的松茸香。

即食食品其實是萬能食材，不但可以直接吃，利用其鮮味或調味還能變化出多種料理！很適合短時間的烹調。而且保存期間長，常備於家中非常方便。

6

鮪魚罐頭

省事料理的必備優秀食材。市面上有水煮或油漬等各種商品，請依個人喜好挑選。

7

味噌鯖魚罐頭

讓人想把鯖魚肉和味噌醬汁全都用來做料理的超讚罐頭。一罐搞定一道菜，這麼說一點也不為過。

8

水煮鯖魚罐頭

近年因為有益身體健康而引發關注。魚骨也很軟可以直接吃，用來做菜相當方便。

9

蒲燒鰻罐頭

超商也很常見，這和味噌鯖魚罐頭一樣，不需要另外調味，很適合懶得用調味料的時候。

10

烤雞罐頭

想要吃甜甜鹹鹹的料理大口扒飯，選這個準沒錯。肉類或魚的罐頭打開就能用，真的好方便。

PART 2

剩餘的HP  20%

還有一些體力
親手製作輕鬆美味料理

雖然很累，還是想親手做飯

給自己或家人吃⋯⋯

這時候，請參考本章介紹的食譜

微波加熱即可享用！
便宜美味的食材，分量飽足

酸橘醋豆芽豬五花

🌀 材料（1～2人份）

豬五花肉片……100g

豆芽菜……1包

蔥花……30g

A ┌ 酸橘醋醬油……4大匙
　　└ 麻油、砂糖……各1小匙

黑胡椒……3撮

🍳 作法

① 將一半的豆芽菜鋪平於大耐熱盤，擺上一半的豬五花肉片。接著依序擺放剩下的豆芽菜和肉片，淋上混合的 **A**。

② 輕輕覆蓋保鮮膜，微波加熱5分鐘。

③ 撒上黑胡椒拌勻，擺上蔥花。

> POINT　也可放鴻喜菇、青椒、小番茄等一起加熱，味道會更棒。做給小朋友吃的話不放黑胡椒也沒關係。

微波加熱後，直接把盤子端上桌享用

要洗的東西只有盤子和湯匙！

沒精神的時候，吃薑補元氣，
一口接一口的扒飯開胃菜

薑味噌雙菇蒸肉

POINT

使用密封袋或塑膠袋
皆可。微波爐加熱
前，加少許麻油會更
美味。菇也可改用舞
菇或金針菇。

◎ **材料（2人份）**

鴻喜菇、杏鮑菇……各1包

豬肉（切邊肉或薄切肉片等）……100g

Ⓐ
醬油、味醂、酒……各1大匙
砂糖……1小匙
味噌……2小匙
市售管狀薑泥……3～4cm

🖑 **作法**

① 用廚房剪刀處理杏鮑菇。先在根部剪出十字，用手撕開後，剪成塊狀。鴻喜菇切掉根部後剝散。

② 把①和豬肉放入塑膠袋，加Ⓐ仔細搓揉。封緊袋口，放進冰箱冷藏約10分鐘。

③ 倒入耐熱盤鋪平，輕輕覆蓋保鮮膜，微波加熱7分鐘（取出後如果還有未熟的紅肉，請繼續加熱）。用筷子撥開收縮的豬肉，建議可撒些白芝麻。

全～部放進塑膠袋
搓揉→微波加熱！上桌享用！

不必下鍋煎，用微波爐就會很鬆軟！
想吃重口味料理的時候，做這道就對了
免煎豬肉蛋包

POINT

為避免弄破蛋皮，把
筷子或湯匙輕輕插入
蛋皮與烘焙紙之間的
縫隙後，輕輕抽出。
用筷子來回劃開大阪
燒醬和美乃滋，表面
會形成美麗的圖案。

◉ 材料（1人份）

蛋……1顆

豬五花肉片……100g

豆芽菜……1/2包

酒……近1大匙

鹽、黑胡椒……各2～3撮

大阪燒醬、美乃滋……依個人喜好酌量

✋ 作法

1. 肉片用手撕成適當的大小，和豆芽菜一起放入耐熱盤。

2. 淋上酒，加鹽、黑胡椒，輕輕覆蓋保鮮膜，微波加熱5分鐘（加熱後，為防止變冷，不要馬上拆掉保鮮膜）。

3. 在大盤內鋪入烘焙紙打蛋，加2大匙水拌勻，不包保鮮膜，微波加熱約1分30秒（如果蛋沒有變硬，加熱2分鐘）。

4. 取出烘焙紙，把蛋皮倒在 ② 上，依個人喜好酌量淋上大阪燒醬和美乃滋。

就算蛋皮破了

還是很好吃，別介意！

一盤搞定！豪邁的大盤料理

豆腐直接放進平底鍋！
用烤肉醬輕鬆做出美味的中式料理

偷吃步麻婆豆腐

POINT

烤肉醬的量依個人喜好調整，少放一些，之後再加也OK。想吃辣的人，可酌量加豆瓣醬。

材料（**2人份**）

豬絞肉……200～250g
（喜歡多一點絞肉的人，建議用250g）
蔥花……約30g
豆腐（嫩豆腐或板豆腐皆可）……1塊
麻油……1大匙

烤肉醬……5～6大匙
雞湯粉……1小匙
Ⓐ ┌ 太白粉……1大匙
　 └ 水……2大匙

作法

1. 倒掉豆腐的水。
2. 平底鍋內倒麻油加熱，絞肉下鍋以中火拌炒。炒至肉色改變後，加蔥花略炒，豆腐不切直接下鍋，用木鏟大略切碎。
3. 炒到豆腐出水後，加烤肉醬和雞湯粉輕拌。把Ⓐ倒入小碗調成太白粉水，加進鍋中輕拌，滾煮約1分鐘。起鍋盛盤，依個人喜好撒上蔥花。

豆腐
不必瀝乾水分！
也不需要切塊！

ARRANGE

溫泉蛋麻婆飯

也可做成蓋飯，
拌著溫泉蛋一起吃
滋味一級棒！

◀

用微波爐做溫泉蛋

將蛋打入略深的耐熱盤或馬克杯，加100ml的水，微波爐加熱1分～1分30秒。

省略揉圓的步驟，直～接下鍋煎。
一只平底鍋就能完成！

免揉省事！
巨大雞肉餅

POINT

用塑膠袋搓揉肉餡時，袋口封太緊，袋子容易破，這點請留意。肉餅翻面時，用盤子會更方便。

材料（2人份）

雞絞肉……400g
（建議用雞腿肉200g＋
雞胸肉200g）
蛋……1顆
蔥花……30g

紫蘇葉……約5片
鹽……3小撮

Ⓐ ┌ 味醂……3大匙
   │ 醬油……2大匙
   └ 砂糖……2小匙

沙拉油……1小匙

作法

1. 將雞絞肉、蛋、蔥花、鹽放入塑膠袋，仔細搓揉至產生黏性。

2. 平底鍋內倒沙拉油，剪破塑膠袋下方，擠出肉餡。用湯匙壓扁，塑成圓形肉餅，以中火煎約2分鐘。翻到另一面煎1分鐘（傾倒鍋身讓煎好的那一面朝下移至盤中，再將盤子倒扣入鍋，輕鬆完成翻面）。

3. 混拌Ⓐ，淋在肉餅上，蓋鍋蓋以中小火燜烤3分鐘。調回中火，邊煎邊舀醬汁淋肉餅，待水分收乾後，盛入盤中。

4. 紫蘇葉重疊捲起，用廚房剪刀剪成條狀，擺在肉餅上。

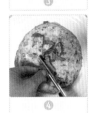

一個塑膠袋就能做好肉餡！
搓揉後擠出來，省時不費事

雞翅三重奏

便宜！簡單！好吃！

搓揉調味料，微波加熱即可

BBQ雞翅
大人小孩都愛這一味

印度烤雞翅
令人胃口大開的香辣滋味

◍（單節翅約15根）

單節翅……約15根

A ⎰ 醬油……2大匙
　 番茄醬、味醂、酒
　 ……各1大匙
　 砂糖……2小匙
　 市售管狀蒜泥……3cm

◍ 作法

① 將單節翅、Ⓐ放入塑膠袋仔細搓揉，放進冰箱冷藏約15分鐘。

③ 擺在大耐熱盤內，輕輕覆蓋保鮮膜，微波加熱7分鐘。可依個人喜好酌量撒些芝麻。

◍（單節翅約15根）

單節翅……約15根

A ⎰ 原味優格……2大匙
　 咖哩粉……2小匙
　 番茄醬……1.5大匙
　 市售管狀蒜泥、薑泥
　 ……各3cm

先醃漬一晚也 OK。前一天先醃好，

POINT

用筷子撥開雞翅，如果呈現粉紅色，再加熱約30秒。先在耐熱盤內鋪入烘焙紙，之後清洗就會很輕鬆。

羅勒雞翅
搭配白飯和白酒都對味！

作法

① 將單節翅、Ⓐ放入塑膠袋仔細搓揉，放進冰箱冷藏約15分鐘。

③ 擺在大耐熱盤內，輕輕覆蓋保鮮膜，微波加熱7分鐘。

（單節翅約15根）

單節翅……約15根

Ⓐ
- 乾燥羅勒、橄欖油……各2小匙
- 味醂……2大匙
- 市售管狀蒜泥……4～5cm
- 鹽……3小撮

作法

① 將單節翅、Ⓐ放入塑膠袋仔細搓揉，放進冰箱冷藏約15分鐘。

③ 擺在大耐熱盤內，輕輕覆蓋保鮮膜，微波加熱7分鐘。可依個人喜好酌量撒些粗磨黑胡椒或擠上檸檬汁。

之後只要微波加熱就可以了！

通通丟進電子鍋，
過一會兒就完成囉！

一指神功！
用電子鍋做的
番茄燉蔬菜

POINT

胡蘿蔔、馬鈴薯、茄子、櫛瓜、蘆筍等，想放什麼蔬菜都可以。量不要超過內鍋的八分滿。用蜂蜜取代砂糖，燉出來的味道更濃醇！

材料（方便製作的分量／約3杯米的量）

洋蔥（大）……1個

冷凍綠花椰菜……約100g（也可使用非冷凍）

小熱狗……4～6根

切塊番茄罐頭……1罐（約400g）

A
高湯粉……1大匙
市售管狀蒜泥……5cm
砂糖、醬油、味醂……各1大匙
奶油……10g

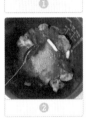

作法

① 洋蔥切成半月形塊狀，小熱狗切成3～4等分。

② 將①、綠花椰菜放入內鍋，再加切塊番茄、**A**和1杯水，按下煮飯鍵。

美味加分
建　議

用烤好的麵包沾著吃超讚。如果湯汁有剩，加飯、少許的鹽和黑胡椒、起司絲，微波加熱1分鐘就變成燉飯了。

按下煮飯鍵，放鬆等開吃

用超商就買得到的即食雞胸肉和
超便宜的豆芽菜做成棒棒雞

豆芽菜×
雞胸肉沙拉

POINT

烤肉醬和芝麻淋醬以
1：1的比例調成醬
汁。淋醬汁時請依個
人喜好酌量調整。

🍶 材料（**1人份**）

即食雞胸肉……1個

豆芽菜……1/2包

雞湯粉……1小匙

烤肉醬、芝麻淋醬……各2大匙

🖐 作法

① 將豆芽菜放入耐熱盤，撒上雞湯粉，輕輕覆蓋保鮮膜，
微波加熱2分30秒後拌勻。

② 混拌烤肉醬和芝麻淋醬，做成甜辣芝麻醬。

③ 把雞胸肉撕開盛盤，擺放①，淋上②。

美味加分 建　　議	加胡椒、改用辣味烤肉醬，就會變得香辣夠味的下酒菜。

即食雞胸肉，真是方便的食材！

水煮鯖魚罐頭之超簡單沙拉
蒜香誘發食慾！

鯖魚花椰菜
熱沙拉

材料（**1人份**）

水煮鯖魚罐頭……1罐
冷凍綠花椰菜……約80g（也可使用非冷凍）
橄欖油……1大匙
市售管狀蒜泥……2cm

作法

1. 冷凍綠花椰菜放入耐熱盤，輕輕覆蓋保鮮膜，微波解
   凍約2分鐘（也可用生的綠花椰菜下鍋水煮）。
2. 接著加入稍微倒掉湯汁的鯖魚，再加橄欖油和蒜泥，
   邊混拌邊撥散的鯖魚。
3. 不包保鮮膜，微波加熱1分30秒。

POINT 　鯖魚罐頭湯汁加太多會變太鹹，請先倒
掉一些。這道料理也很適合當成下酒菜。

冷凍綠花椰菜和鯖魚罐頭
皆可備存，隨時都能做沙拉！

西班牙蒜味菇
用烤箱做出餐廳級的好滋味
搭配烤好的麵包一起吃，超美味！

以雞湯粉和鰹魚露提味的
涼拌白菜

POINT

也許會覺得橄欖油的量有點
少，因為菇類加熱會出水，完
成後分量剛剛好。

蒜香蒸鮪魚鴻喜菇
除了鴻喜菇,用別種菇做也很好吃

奶油酸橘醋茄子
奶油與酸橘醋醬油的搭配出乎意料的搭

POINT
....
每道都是用一種蔬菜微波或烤箱
加熱的簡單料理。預做保存,肚
子餓的時候就能吃!

65

涼拌白菜

材料（1～2人份）

白菜……約1/8個
熟白芝麻粒……依個人喜好酌量
雞湯粉……1小匙
鰹魚露（2倍濃縮）……1大匙
麻油……1小匙

作法

1. 白菜切成一口大小。
2. 放入大耐熱盤內，輕輕覆蓋保鮮膜，微波加熱5分鐘。
3. 移至網篩瀝乾水分，放入容器，加雞湯粉、鰹魚露、麻油和白芝麻混拌。

 使用超市等處賣的「截切白菜」，做起來更輕鬆

西班牙蒜味菇

材料（1～2人份）

鴻喜菇……1/2包
杏鮑菇……1包
橄欖油……4大匙
市售管狀蒜泥……1小匙
高湯粉……2小匙

作法

1. 將杏鮑菇撕開，用廚房剪刀剪成約2cm的塊狀。鴻喜菇切掉底部後剝散。把兩種菇放入塑膠袋。
2. 接著加蒜泥和高湯粉，仔細搓揉。
3. 放入耐熱盤，淋上橄欖油混拌，用烤箱烤7分鐘。可依個人喜好酌量撒上乾燥香芹。

 若用鑄鐵平底鍋做，就像在吃塔帕斯（西班牙下酒菜），猶如置身餐館！

奶油酸橘醋茄子

 材料（1～2人份）

茄子……2條
蔥花……約2大匙
奶油……1大匙
酸橘醋醬油……2大匙

作法

① 茄子切成滾刀塊後泡水。
② 瀝乾水分，放入耐熱盤，撒上剝成小塊的奶油。
③ 輕輕覆蓋保鮮膜，微波加熱4分鐘。
④ 稍微混拌讓茄子沾裹奶油，擺上蔥花，淋上酸橘醋醬油。

只要微波加熱，即成一道小菜！

蒜香蒸鮪魚鴻喜菇

材料（1人份）

鮪魚罐頭……1罐
鴻喜菇……1包
高湯粉……1/2小匙
市售管狀蒜泥……1cm

作法

① 鴻喜菇用剪刀剪掉底部後剝散。
② 放入耐熱盤，鮪魚連同醬汁一起加，撒上高湯粉、擠蒜泥。
③ 輕輕覆蓋保鮮膜，微波加熱1分30秒，混拌均勻。

 不必用菜刀，材料只有4個！吸收鮪魚油脂的鴻喜菇超涮嘴

麵線和鰹魚露的組合
怎麼吃都吃不膩

豬五花肉 × 特製醬汁
超好吃！豬肉冷麵

⚱ 材料（**1人份**）

麵線……1人份

豬五花肉片……約100g

蔥花、麵衣屑……依個人喜好酌量

A ⎡ 鰹魚露（2倍濃縮）……3大匙
⎢ 調味醋……1大匙
⎣ 水……3大匙

作法

① 煮一鍋開水，豬肉片逐片下鍋汆燙，燙熟後夾入盤中放涼。

② 麵線依照包裝袋標示的時間烹煮，用冷水沖洗後，仔細瀝乾水分裝入盤中。

③ 接著擺放豬肉片、蔥花、麵衣屑，淋上混拌的**A**。

> POINT
> 豬肉也可用里肌肉片或火鍋肉片。蔥花冷凍備用會很方便。只要使用調味醋就能輕鬆調味。

家中備有麵線

加班回到家就不怕挨餓！

爽口美味的拌麵

鮪魚美乃滋
紫蘇麵線

POINT

如果覺得味道不夠，可加1～2小撮鹽。若加檸檬汁，吃起來會更爽口。

🍲 材料（1人份）

麵線……1人份

鮪魚罐頭……1罐

紫蘇葉……2～3片

美乃滋……依個人喜好酌量

鰹魚露（2倍濃縮）……2大匙

調味醋……1大匙

🍳 作法

❶ 鮪魚罐頭倒掉湯汁，依個人喜好酌量加美乃滋拌勻。也可將美乃滋擠進罐頭裡。

❷ 麵線依照包裝袋標示的時間烹煮，盛盤後擺上❶。

❸ 淋上鰹魚露、調味醋，紫蘇葉重疊捲起，用廚房剪刀剪成條狀，擺在麵線上。拌勻後上桌享用。

沒有芝麻也能做
簡易版擔擔麵

豆漿擔擔麵線

材料（1人份）

絞肉（牛豬混合或豬絞肉）……80g

麵線……1人份　蔥花……依個人喜好酌量

A
- 鰹魚露（2倍濃縮）……1大匙
- 市售管狀薑泥、蒜泥……各2cm
- 麻油……2小匙

B
- 鰹魚露（2倍濃縮）……50ml
- 豆漿……50ml　味噌……1小匙
- 豆瓣醬（建議使用）……1小匙

作法

① 絞肉加 **A** 拌勻後，輕輕覆蓋保鮮膜，微波加熱3分30秒。用湯匙撥散變硬的絞肉，如果還有未熟的紅肉，再加熱30秒～1分鐘。

② 麵線依照包裝袋標示的時間烹煮，盛盤後擺上 **①**，淋上拌勻的 **B**，依個人喜好酌量撒上蔥花。

混合調味料，微波加熱的速成味噌肉燥
多做一些保存備用

超簡單！
用微波爐做的
味噌肉燥

美味加分建議

裝進密封袋冷藏也保存約1
週，用保鮮膜分裝入袋冷
凍，可保存2～3週。

🍲 材料（方便製作的分量）

絞肉（牛豬混合或豬絞肉）……180g

Ⓐ
醬油、酒、砂糖、太白粉……各1大匙
味噌、水……2大匙
市售管狀薑泥、蒜泥……各3cm

🖐 作法

① 將絞肉和Ⓐ放入耐熱盤拌勻。
② 輕輕覆蓋保鮮膜，微波加熱3
　 分鐘。

② 掀開保鮮膜，拌勻後再蓋上，
　 加熱2分鐘，取出後充分混拌。

 放在熱呼呼的飯上吃，美味指數破～表！

ARRANGE 1

炸醬麵風味的
味噌肉燥麵線

材料（1人份）

味噌肉燥……依個人喜好酌量
麵線……1人份
冷凍菠菜……依個人喜好酌量
麻油……1小匙～1大匙
鰹魚露（2倍濃縮）……1大匙
熟白芝麻粒……依個人喜好酌量

作法

① 肉燥覆上保鮮膜，放進微波爐稍
微加熱。麵線依照包裝袋標示的
時間烹煮。
② 麵線淋上麻油和鰹魚露拌勻，用
量請依個人喜好酌量調整。
③ 冷凍菠菜微波解凍，和①的肉燥
一起擺在麵線上，撒上白芝麻。

ARRANGE 2

微波爐搞定一切！
口感綿密的
味噌肉燥茄子

材料（1人份）

茄子……1條
味噌肉燥……依個人喜好酌量
熟白芝麻粒……依個人喜好酌量

作法

① 茄子用削皮器去皮，包上保鮮
膜，放入耐熱盤，微波加熱4分
鐘（略粗的茄子加熱5分鐘）。
② 肉燥覆上保鮮膜，放進微波爐稍
微加熱。茄子縱切成4等分，擺
上大量的肉燥，撒上白芝麻。

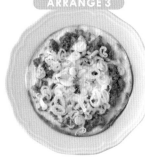

ARRANGE 3

用墨西哥薄餅皮做披薩
味噌肉燥
起司披薩

材料（1人份）

墨西哥薄餅皮……1片
味噌肉燥……3～4大匙
蔥花、起司絲、美乃滋……依個
人喜好酌量

作法

① 墨西哥薄餅皮放入盤內，依個人
喜好酌量塗抹美乃滋。鋪上肉
燥，擺上起司絲，放進烤箱烤
2～3分鐘。
② 最後撒上蔥花。

墨西哥薄餅皮容易烤焦，
建議鋪上鋁箔紙再烤。

肉燥創意料理

懶人版夏威夷漢堡排飯

材料（**1人份**）

肉燥（作法請參閱P25）……約4大匙

熱飯……1碗

喜歡的葉菜類蔬菜……依個人喜好酌量

蛋……1顆

番茄醬、中濃醬……各約1大匙

作法

① 在耐熱盤內打蛋，不包保鮮膜，微波解凍3分鐘以上，做成荷包蛋。

② 肉燥放入小碟，加番茄醬和中濃醬拌勻。輕輕覆蓋保鮮膜，微波加熱1分鐘，趁熱混拌後再加熱。

③ 將飯和撕碎的蔬菜盛入盤內，把②和①的荷包蛋擺在飯上。

> POINT
> 製作荷包蛋的時候，視情況調整加熱時間。如果微波爐沒有解凍功能，用牙籤在蛋黃上戳洞，加熱數十秒即可。

沒想到……荷包蛋
也能用微波爐完成！

燻鮭魚拌裹甜鹹醬汁
和酪梨一起放在飯上就完成了！

酪梨燻鮭蓋飯

🌸 材料（**2人份**）

煙燻鮭魚……1盒

酪梨……1個

熱飯……2碗

葉菜類蔬菜（萵苣等）……依個人喜好酌量

醬油……2大匙

美乃滋、砂糖……各1大匙

麻油……1小匙

🌸 作法

1. 醬油和砂糖拌勻後，加美乃滋和麻油混拌，再加煙燻鮭魚拌勻。

2. 酪梨切成小塊狀。

3. 將飯和蔬菜盛入盤中，擺上❶和❷。建議撒些白芝麻或放小番茄。

❶

❷

> POINT
> 醬汁加1/2小匙左右的豆瓣醬增加辣味也很不錯，讓飯稍微吸收醬汁會更好吃。

有了這個醬汁就能
輕鬆在家享用咖啡廳料理喔！

簡易日式蛋包
搭配柴魚飯的超美味咖啡廳和風料理

和風魩仔魚
蛋包飯

POINT

日式口味的蛋包飯。
蛋包熟度可依個人喜
好調整，本書的建議
是半熟程度。冷凍飯
也很適合拿來製作。

材料（1人份）

蛋……2顆

魩仔魚……4大匙

熱飯……1碗

蔥花、熟白芝麻粒……依個人喜好酌量

A
　柴魚片……1～2大匙
　醬油……1小匙

　　高湯粉……1小匙
B　味醂……1大匙
　　水……3大匙

沙拉油……1小匙

作法

1. 飯倒入碗中，加**A**拌勻。試吃味道後，加柴魚片或醬油調整成喜歡的口味（先在碗裡鋪保鮮膜會比較方便）。

2. 把蛋打入容器內攪散，加**B**和魩仔魚拌勻。

3. 平底鍋內倒沙拉油加熱，2下鍋煎10秒後，用筷子輕輕攪拌成炒蛋的狀態。鍋身朝自己這一側傾斜，以筷子收攏，做成蛋包狀。待蛋包凝固後，關火起鍋。

4. 將1盛入盤中，擺上3。蛋包直接鏟起會散掉，建議用筷子從鍋內移出。撒上蔥花和芝麻，可放些沙拉或小番茄等。

蛋包的形狀散掉也沒關係
有體力的時候再練習就好

市售熟食的炸肉排與麵包的完美組合

5分鐘！
極品醬汁肉排三明治

材料（1人份）

炸肉排（雞排或豬排皆可）……1片

高麗菜絲……依個人喜好酌量

吐司（8片裝或6片裝）……2片

A ┌ 中濃醬、水……各3大匙
  ├ 醬油、酒、味醂、調味醋……各1大匙
  └ 砂糖……2大匙

美乃滋、芥末醬……依個人喜好酌量

作法

1. 在小平底鍋倒入 **A**，拌勻後煮滾。

2. 若是小塊的炸肉排可直接下鍋，大塊的炸肉排對半切開再下鍋，加①拌裹，煮1～2分鐘收乾醬汁。

3. 吐司依個人喜好酌量塗抹美乃滋和芥末醬。

4. 依序擺上大量的高麗菜絲→肉排→高麗菜絲。再放另一片吐司，輕輕按壓切成適口大小。建議可放些小番茄。

POINT 如果是做給小朋友吃，不塗芥末醬也OK。芥末醬可用市售的管狀黃芥末醬代替。吐司烤過之後風味更佳。

吐司放一段時間會吸收醬汁而軟掉
做好後請立刻品嘗！

不需要另外煮麵！
全～部放入平底鍋就能完成

一鍋到底好方便！
和風義大利麵

POINT

煮的過程中，如果發現
水快沒了，請加50ml
左右的水。如果是烹煮
時間較長的義大利麵，
一開始先增加水量。

材料（1人份）

義大利麵（煮麵時間5分鐘）……1把

小熱狗……2根

舞菇……1/2包

沖泡式高湯……1包

奶油……10g

雞湯粉……1/2小匙

作法

1. 將所有材料放入大平底鍋（直徑約26cm）內，義大利麵太長容易黏在一起，請折成兩半。小熱狗用廚房剪刀剪成塊狀，舞菇用手剝散。

2. 加250ml的水，以中火加熱，煮滾後輕輕攪拌，調成中小火，蓋上鍋蓋煮5分鐘，煮的過程中攪拌1～2次。

3. 掀開鍋蓋，調大火力，稍微收乾水分。待水分收乾，關火起鍋。

吃完只要洗平底鍋就好了！

不必先煮麵也不需要菜刀的魔法食譜

粒粒分明超完美的鮭魚炒飯。
低油美味很健康

微波就能做的
黃金炒飯

材料（1人份）

蛋……2顆
鮭魚鬆……1大匙
蔥花……3大匙
熱飯……1碗
雞湯粉、麻油……各1小匙

作法

1. 在耐熱碗或容器內打蛋攪散，加蔥花、鮭魚鬆、雞湯粉和麻油混拌。

2. 輕輕覆蓋保鮮膜，微波加熱1分鐘。掀開保鮮膜，將飯加進蛋液中，邊混拌邊把飯攪散。蓋上保鮮膜，再微波加熱1分30秒。

3. 攪散變硬的蛋，輕輕混拌。

POINT 快速拌勻是重點，拌的時候不讓飯結塊，就能做出口感粒粒分明的炒飯。

耐保存的鮭魚鬆也是
適合常備的食材

不用菜刀，不開瓦斯。
使用超商食材做的超美味料理

焗烤麵包

🍽 材料（**2人份**）

吐司（8片裝或6片裝）……2片
奶油培根醬……2人份
冷凍菠菜……1把
短培根片……4～5片
起司片……2片

✋ 作法

① 將吐司撕成適當大小，放入耐熱盤。先鋪烘焙紙，之後清洗就會很輕鬆。

② 接著淋上奶油培根醬，擺放冷凍菠菜。再放上用廚房剪刀剪成條狀或用手撕成條狀的培根，包上保鮮膜，微波加熱1分鐘。

③ 擺上起司片，放入烤箱烤5分鐘。

> POINT
> 吐司邊有嚼勁不好入口，請撕成小塊。
> 也可用冷凍綠花椰菜取代冷凍菠菜。

這道料理相當適合
肚子餓想狂嗑重口味食物的人

便宜好用的炒麵做的美味拌麵
配料隨你放！

炒麵版
蔥花柴魚拌麵

材料（1人份）

炒麵麵條……1包

蛋……1顆

蔥花……依個人喜好酌量

柴魚片……約2大匙

調味海苔、其他喜歡的配料……依個人喜好酌量

Ⓐ
- 鰹魚露（2倍濃縮）、調味醋……各1大匙
- 醬油、雞湯粉、麻油……各1大匙
- 市售管狀蒜泥……5cm

作法

1. 在稍微打開炒麵的包裝袋，微波加熱約40秒（如果是無法直接加熱的包裝袋，放入耐熱盤，包上保鮮膜加熱）。
2. 把Ⓐ倒入盤中拌勻，加①拌裹。
3. 再加蔥花、柴魚片、蛋、調味海苔，以及其他喜歡的配料。

POINT
配料可隨意放喜歡的食材，但柴魚片必放！愛吃辣的人，建議放豆瓣醬或辣油。也可放市售的叉燒肉。

吃的時候充～～～分混拌

好吃到爆表！

HP 100%的時候　**預先準備冷凍蔬菜**

蔥花

方便使用的蔥花，建議冷凍保存。雖然超市有賣現成的蔥花，自己準備方便處理也省錢。

青椒

切法依個人喜好決定，本書建議以滾刀切法冷凍保存，要用的時候就能省下去囊和籽的時間。做拌炒料理時，不必解凍直接下鍋也OK。

菇類

菇類冷凍反而可以鎖住鮮味。切掉底部，用手剝散。煮湯炒菜都能派上用場喔！

沒有特定安排的假日……趁著體力充足時準備蔬菜＝儲備體力。無法買菜或家中有用不完的蔬菜，這些煩惱一次解決。比起臨時買截切蔬菜，這麼做省錢顧荷包！

韭菜

韭菜也可冷凍保存。切成約4cm的長度比較方便使用。煮湯炒菜時，不必解凍依個人喜好酌量添加即可。

小松菜

沒用完的小松菜最好冷凍。切成4～5cm的長度比較方便使用。即使家中沒蔬菜，也能輕鬆製作補充營養的料理。

茄子

依個人喜好切成方便使用的形狀。圖中是切成塊狀，但圓片也很好用。切好之後立刻泡水，擦乾水分，趁變色前放進冰箱冷凍。

高麗菜

高麗菜切成好入口的形狀，建議切成適合拌炒的一口大小。大一點的蔬菜通常用不完，冷凍保存很方便，但請盡早使用。

PART 3

剩餘的HP

60%

回家後做點東西吃吧！
隨心所欲食譜

今天可以早點回家

想吃好吃的東西，好好放鬆休息

本章將介紹療癒疲憊身心的美味料理

返家途中去一趟超市吧！

用豆芽菜和絞肉、番茄做成
便宜好吃超下飯的配菜
咖哩起司炒肉末銀芽

POINT

番茄與其炒到變散,稍
微加熱吃起來更爽口。

材料（2人份）

豆芽菜……1包

牛豬混合絞肉……150g

番茄……1個

起司絲……依個人喜好酌量

Ⓐ 醬油、味醂、酒、
番茄醬……各1.5大匙
咖哩粉……1大匙

市售管狀蒜泥……3cm

作法

① 番茄切成2cm的塊狀。

② 平底鍋內倒沙拉油加熱，絞肉下鍋拌炒。炒至八成變色後，加豆芽菜拌炒。

③ 把Ⓐ倒入鍋中，充分拌炒。炒到豆芽菜變軟，放番茄拌炒。待蔬菜釋出的水分煮滾，依個人喜好酌量擺上起司絲，等到融化得差不多即可享用。

| 美味加分建議 | 剩下的湯汁加飯和起司做成咖哩燉飯也很好吃。 |

如果懶得切番茄
就用廚房剪刀剪

濃郁醬汁和多汁排骨
超對味

醬醃烤排骨

POINT

前一天有空的話，先醃
漬一晚也OK。若是較
大的排骨，悶烤的時間
請調整至15分鐘。

材料（**2人份**）

豬排骨……350～400g

Ⓐ
番茄醬……3大匙
醬油、蜂蜜、中濃醬……各1大匙
調味醋……1.5大匙
市售管狀蒜泥……4cm

黑胡椒……依個人喜好酌量

作法

❶ 用廚房剪刀或菜刀在排骨上剪出或劃出間隔2cm的切痕。

❷ 將❶和Ⓐ放入密封袋，仔細搓揉後，封緊袋口，放進冰箱冷藏30分鐘以上。

❸ 取出排骨，放入鍋中，以中火煎表面。把密封袋裡剩下的醬汁和50ml左右的水加進鍋中，煮滾後蓋上蓋子，以小火燜烤10分鐘。最後調成大火收乾醬汁，依個人喜好酌量撒上黑胡椒。建議可放些皺葉萵苣。

❶

❷

❸

有空的時候先準備
仔細搓揉讓醬汁入味

用豬的切邊肉做成飽滿肉丸
分量十足甜酸開胃的中式料理

糖醋肉丸

材料（1～2人份）

豬切邊肉……350g

洋蔥……1個

Ⓐ
- 鹽、黑胡椒……各2～3撮
- 太白粉……2大匙

Ⓑ
- 醬油……2～2.5大匙
- 酒、調味醋……各2大匙
- 砂糖……2小匙

Ⓒ
- 太白粉……1小匙
- 水……1大匙

沙拉油……1大匙

作法

1. 將豬肉放入塑膠袋，加Ⓐ均勻沾裹。洋蔥切成半月形塊狀。
2. 把豬肉揉成丸狀（直徑約3cm），平底鍋內倒沙拉油加熱，肉丸下鍋，以中火煎，過程中不時翻面，煎至均勻上色。
3. 肉丸挪到平底鍋的一側，加洋蔥和100ml的水，蓋上鍋蓋以小火燜3分鐘。
4. 接著加Ⓑ，調回中火，邊加熱邊拌裹醬汁。
5. 用拌勻的Ⓒ澆淋④，滾煮約30秒，使醬汁變得黏稠。

有體力站在廚房 15 分鐘的時候

適合做這道菜！

簡單做出濃郁美味
消除疲勞獲得能量的料理

味噌炒高麗菜肉末

POINT

試吃味道如果覺得太
淡，請加些味噌。最後
可撒些白芝麻增加風味。

材料（1～2人份）

牛豬混合絞肉……200g

高麗菜……1/4個

Ⓐ
```
┌ 味醂……3大匙
│ 酒……2大匙
└ 砂糖……2小匙
```

味噌……1大匙

沙拉油……2小匙

作法

① 高麗菜切成一口大小。

② 在直徑約26cm的平底鍋內倒沙拉油加熱，絞肉下鍋以中火拌至八分熟後，加①和Ⓐ拌炒。蓋上鍋蓋，燜蒸約2分鐘至高麗菜變軟。

③ 將高麗菜和絞肉撥到鍋子邊緣，空出中央的位置，放味噌攪溶。調成中大火，滾煮至湯汁剩下一半左右的量即完成。

甜甜的味噌配白飯最棒了！

快速完成，便宜又好吃！
豆芽菜、韭菜和糖醋醬的組合超對味

糖醋肉末銀芽韭菜

POINT
....
加太白粉水勾芡時，加
熱太久或太短都會失
敗，30秒左右最理想。

材料（**2人份**）

豆芽菜……1包

韭菜……約3枝

牛豬混合絞肉……100g

A
　番茄醬……2大匙
　醬油、調味醋……各1大匙
　砂糖……1小匙
　水……100ml

B
　太白粉……1小匙
　水……1大匙

麻油……1大匙

作法

1. 平底鍋內倒入麻油加熱，豆芽菜下鍋拌炒。炒到變軟後，用廚房剪刀把韭菜剪成約4cm長，加進鍋中拌炒。再次炒到變軟後，起鍋盛盤。

2. 接著將絞肉和**A**下鍋炒熟，邊炒散絞肉邊拌裹醬汁。

3. 用拌勻的**B**澆淋**2**，拌勻後滾煮約30秒。

4. 把**3**擺在**1**上即完成。

只要使用廚房剪刀

不需要菜刀和砧板，清理起來超輕鬆！

建議可用鑄鐵平底鍋
直～接端上桌享用的

平底鍋焗烤通心麵

POINT

若是大一點的平底鍋，通心麵可能不會泡在水裡，這時候請增加水量。

◍ 材料（2人份）

培根……2片

冷凍綠花椰菜……3～5朵

（也可使用非冷凍，這時候請先汆燙）

鴻喜菇……1/4包

通心麵……40g

起司絲……依個人喜好酌量

高湯粉、味噌……各1小匙

牛奶……150ml

鹽……2小撮

奶油……15g

低筋麵粉……1.5大匙

沙拉油……2小匙

◔ 作法

❶ 在直徑約20cm的平底鍋內倒沙拉油加熱，放入用廚房剪刀剪成條狀的培根和冷凍綠花椰菜、去除底部的鴻喜菇拌炒。

❷ 炒到鴻喜菇變軟後，加通心麵和150ml的水、高湯粉、鹽，依照通心麵包裝袋標示的時間烹煮。接著加牛奶，煮滾後加味噌攪溶。

❸ 奶油放入盤中，不包保鮮膜，微波加熱20秒使其溶化。再加低筋麵粉，拌至呈現柔滑狀。

❹ 把❸加進❷裡，邊煮邊拌，煮到變得黏稠。如果煮不稠，用溶化的奶油或橄欖油加等量的低筋麵粉拌勻，逐次加1/2大匙左右。

❺ 在鑄鐵平底鍋或耐熱盤鋪入鋁箔紙倒入❹，依個人喜好酌量擺上起司絲，放進烤箱烤約5分鐘。烤不夠的話請繼續加熱。

雖然食譜的分量是1人份，可依人數增量製作

綠花椰菜、鴻喜菇都不需要切！

培根也可用手撕成條狀

以市售熟食的炸肉排做成飽足的肉排飯！
用鰹魚露當醬汁也很搭

簡單肉排飯

美味加分建議
....

也可做成隔天的便當，
吸收醬汁的飯，即使冷
了一樣好吃。

🍶 材料（**2人份**）

炸肉排（豬排或雞排）……1片

洋蔥……1/2個

蛋……2顆

鰹魚露（2倍濃縮）……3大匙

沙拉油……2小匙

熱飯……2碗

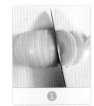

😋 作法

① 洋蔥切成1～2cm寬，炸肉排切成一口大小。

② 平底鍋（直徑約20cm的小鍋）內倒沙拉油加熱，洋蔥下鍋以中火炒至變軟，加200ml的水和鰹魚露，煮滾後放肉排，煮約1分鐘。為了讓肉排吸收汁，用筷子不時翻面。

③ 在容器內打蛋攪散，倒入②，蓋上鍋蓋，煮1～2分鐘使蛋凝固。若想吃半熟蛋，煮約1分鐘後掀開鍋蓋，用筷子攪煮至喜歡的硬度。

④ 把飯盛入碗內，擺上③。

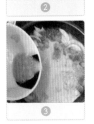

冷掉的炸肉排

變得熱呼呼又軟嫩！

用微波爐做味噌肉燥
不必開火好輕鬆

微波爐的
味噌肉燥拌飯

材料（1人份）

味噌肉燥（作法請參閱P72）……依個人喜好酌量

豆芽菜……1/4包

冷凍菠菜……40g

（也可使用非冷凍，這時候用廚房剪刀剪成4〜5cm寬）

A 雞湯粉、醬油、麻油……各1小匙

白菜泡菜……依個人喜好酌量

蛋……1顆

熱飯……1碗

作法

① 將豆芽菜和菠菜放入耐熱盤，輕輕覆蓋保鮮膜，微波加熱3分鐘。

② 瀝乾水分，加**A**拌勻。

③ 味噌肉燥包上保鮮膜，放進微波爐稍微加熱。把飯盛入碗內，擺上肉燥、②、泡菜和生蛋。

預做保存解救了
疲勞飢餓的身體！

POINT

常備的味噌肉燥
（作法請參閱P72）

冷藏可保存約1週，冷凍可以放更久。建議多做一些，裝進密封袋保存。愛吃辣的人可以加豆瓣醬。

不用菜刀，只要洗盤子就好
同為發酵食品的味噌和起司十分對味

疊起來微波！
味噌起司蒸豆芽肉片

🌀 材料（1～2人份）

豬五花肉片……200g

豆芽菜……1包

起司片……2片

Ⓐ 味噌……2大匙
　 酒……1大匙
　 市售管狀蒜泥……3cm

黑胡椒……約2撮

🍳 作法

① 將肉片和Ⓐ放入塑膠袋，仔細搓揉入味。

② 把一半的豆芽菜鋪平於大耐熱盤，擺上①均勻撥散。再擺剩下的豆芽菜，輕輕覆蓋保鮮膜，微波加熱5分鐘。取出後掀開保鮮膜，擺上起司片。

③ 蓋回保鮮膜，再加熱2分鐘，依個人喜好酌量撒上黑胡椒。

> 🍴 美味加分
> 建　議　　若做給小朋友吃，不加黑胡椒也沒關係。

豬五花肉很容易入味

不必冷藏醃漬！！

倒入熱水即完成！ **1分鐘速成湯品**

不必用鍋子煮的
海帶芽味噌湯

◎ **材料（1人份）**

乾燥海帶芽、蔥花……依個人喜好酌量
味噌……1大匙

◎ **作法**

將乾燥海帶芽和味噌放入碗中，倒200ml
的熱水拌勻，攪溶味噌。待海帶芽泡軟膨
脹後，依個人喜好酌量加蔥花。

◎ **材料（1人份）**

乾燥海帶芽……依個人喜好酌量
雞湯粉……1小匙
麻油……1/2小匙
熟白芝麻粒、黑胡椒……依個人喜好酌量

◎ **作法**

將乾燥海帶芽和雞湯粉放入碗中，倒150ml
的熱水拌勻，再加麻油混拌。待海帶芽泡軟
膨脹後，撒上白芝麻和胡椒。

中式海帶湯
只要有海帶芽，隨時都能喝湯

做飯的時候，如果有一碗湯，立刻提升滿足感。
覺得煮湯很麻煩的人，只要倒熱水就能在1分鐘完成！

西班牙番茄冷湯
醋的酸味好爽口！

🧅 材料（**1人份**）

番茄原汁……150ml
橄欖油……1小匙
調味醋……1大匙
鹽……2小撮
黑胡椒……依個人喜好酌量

🥄 作法

將所有材料放入碗中，充分攪拌至鹽溶解。再依個人喜好酌量加鹽、黑胡椒調味。

起司培根湯
培根&起司好開胃

🧅 材料（**1人份**）

培根……1片
高湯粉……1小匙
起司粉……1/2小匙
黑胡椒……依個人喜好酌

🥄 作法

將撕成條狀的培根放入碗中，加高湯粉和起司粉，倒150ml的熱水，充分拌勻後撒上黑胡椒。

番外篇

剩餘的HP

80%

挑戰極廢步驟
輕巧變出豐富多菜

有體力做菜的時候，試著做幾道菜吧！

照著書中的步驟做，活用烹調器具

就能同時完成2～3道料理喔！

沒有下鍋炒卻粒粒分明！
微波加熱輕鬆完成

味噌肉燥炒飯

POINT
....

也可以將韭菜或小松菜
等其他葉菜類蔬菜，用
廚房剪刀剪短後加入。
或直接放冷凍菠菜。

冷凍水餃的
Q彈口感令人欲罷不能

湯餃

微波加熱的味噌肉燥炒飯 〈微波爐〉

◍ 材料（1人份）

味噌肉燥（作法請參閱P72）⋯⋯約3大匙　　蛋⋯⋯2顆

飯⋯⋯1碗　　　　　　　　　　　　　　　雞湯粉、麻油⋯⋯各1小匙

蔥花⋯⋯3大匙

◔ 作法

將P84的「微波加熱的黃金炒飯」的鮭魚鬆換成味噌肉燥，依照相同步驟
製作（沒有味噌肉燥的話，可做「微波加熱的黃金炒飯」搭配湯餃）。

湯餃 〈小鍋〉

◍ 材料（1～2人份）

冷凍水餃⋯⋯10個　　　　　　　　　市售管狀薑泥⋯⋯2cm

豆芽菜⋯⋯1/2包　　　　　　　　　麻油⋯⋯1小匙

醬油、雞湯粉⋯⋯各1大匙　　　　　黑胡椒⋯⋯2撮

◔ 作法

❶ 在小鍋內倒入450ml的水加熱煮滾。

❷ 接著加醬油、雞湯粉、薑泥混拌。再放豆芽菜和冷凍水餃，煮滾後轉
中火、蓋鍋蓋，依照水餃包裝袋標示的時間烹煮（約5分鐘）。加麻油、
胡椒快速混拌。

剩餘的 80%

炒飯＋湯餃

用小鍋煮湯餃

趁著炒飯微波加熱的時間

117

豆腐泥拌菠菜

必學好滋味
古早味配菜也能輕鬆做

POINT

鹽漬鯖魚不易有腥味，而且已經調味，不必花時間燉煮很方便。若是使用生鯖魚，請先澆熱水去除腥味。

味噌鯖魚

不需要下鍋燉煮
微波加熱就很鬆軟

韭菜蛋花味噌湯

味道樸實的高湯
搭配味噌的舒心美味

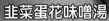

POINT

因為懶得熬高湯，用柴魚片煮湯後，直接當作配料吃掉更省事。

味噌鯖魚 味噌鯖魚 微波爐

材料（**2人份**）

鹽漬鯖魚片……1片

Ⓐ 味噌、砂糖、味醂、酒……各2小匙
　 醬油……1小匙
　 市售管狀薑泥……3cm

水……1大匙

作法

1. 鯖魚對半切開，表面劃出十字切痕，放入耐熱盤。
2. 將混拌的Ⓐ淋在①上，均勻拌裹。
3. 輕輕覆蓋保鮮膜，微波加熱5分鐘，靜置燜2～3分鐘。

豆腐泥拌菠菜 拌菜

材料（**2人份**）

冷凍菠菜……60g
嫩豆腐……1/4塊
鰹魚露（2倍濃縮）……1大匙
白芝麻粉……2小匙

作法

1. 將冷凍菠菜放入耐熱盤，微波加熱約2分鐘。取出後若還有未解凍的部分，請再加熱。
2. 豆腐放入容器內，用叉子（或是打蛋器）拌至呈現柔滑狀。
3. 把鰹魚露和芝麻粉加進②裡拌勻，再加菠菜混拌。

韭菜蛋花味噌湯 小鍋

材料（**2人份**）

韭菜……1～2株
蛋……1顆
柴魚片……1大匙
味噌……1.5大匙

作法

1. 在小鍋內倒400ml的水，加柴魚片煮滾，把韭菜用廚房剪刀剪成3～4cm長，加進鍋中。
2. 待韭菜變軟後，關火、加味噌攪溶。再開火倒入蛋液。
3. 用筷子大大地攪拌3圈左右，靜置煮到蛋花凝固。

 利用煮味噌鯖魚和味噌湯的空檔做豆腐泥拌菜

剩餘的 80%

味噌鯖魚定食

沒想到用電子鍋
可以煮成這麼軟
電子鍋法式燉菜

把微波加熱的冷凍薯條
當成馬鈴薯
焗烤馬鈴薯

POINT

放奶油會變得濃醇美
味,不放也沒關係。蔬
菜就算大一點也能煮透。

POINT

分量隨意做也好
吃,不妨用大盤子
做3〜4人份。

法式燉菜 電子鍋

材料（2人份）

高麗菜……1/4個
洋蔥……1個
小熱狗……4根
高湯粉……2小匙
奶油……1大匙

作法

1. 洋蔥切成8等分的半月形塊狀，高麗菜隨意切成4等分，小熱狗對半斜切。
2. 將所有材料和250ml的水放入內鍋，按下煮飯鍵。

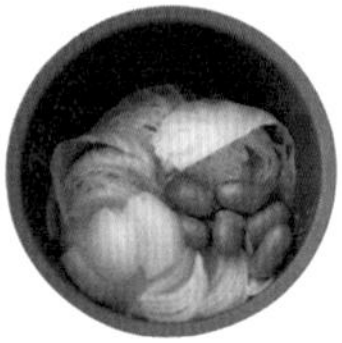

通通丟進電子鍋
法式燉菜輕鬆上桌！

焗烤馬鈴薯 烤箱

材料（2人份）

冷凍薯條……約200g
冷凍菠菜、小番茄……依個人喜好酌量
起司絲……1把
鹽、黑胡椒……各2～3撮
披薩醬、乾燥羅勒……依個人喜好酌量

作法

1. 將冷凍薯條放入耐熱盤，撒上鹽、胡椒，擺上冷凍菠菜，輕輕覆蓋保鮮膜，微波加熱2分鐘。
2. 淋上披薩醬、放乾燥羅勒，擺上對半切開的小番茄。
3. 擺放起司絲，放進烤箱烤約5分鐘。

若是放新鮮羅勒
豪華感立即提升

溫蔬菜佐味噌美乃滋沾醬
極品味噌醬
搭配任何料理都對味

義大利麵不必先煮
就能完成的魔法食譜

免煮麵！省事番茄義大利麵

POINT

使用自己喜歡的蔬菜，
小黃瓜或胡蘿蔔、蘿
蔔、水煮四季豆等，任
何蔬菜都很搭。

POINT

如果義大利麵還很硬，
水分卻快沒了，請加水
避免煮焦。

不必先煮麵！
番茄義大利麵 〔平底鍋〕

🌀 材料（2人份）

切塊番茄罐頭……1罐
義大利麵……150g
冷凍菠菜……1把
短培根片……4～5片

Ⓐ
高湯粉……2小匙
市售管狀蒜泥……3～4cm
砂糖……1大匙
番茄醬……2大匙

奶油……1大匙
鹽、黑胡椒……各3～4撮

🕛 作法

❶ 番茄放入平底鍋，加撕成條狀的培根、冷凍菠菜、Ⓐ和450ml的水加熱。煮滾後，將義大利麵折斷下鍋。

❷ 以中小火邊煮邊輕拌，依照義大利麵包裝袋標示的時間烹煮。試吃後如果覺得麵條還很硬，再煮一會兒。

❸ 加奶油、鹽和胡椒調味。最後可依個人喜好酌量撒上起司粉。

溫蔬菜佐
味噌美乃滋沾醬 〔微波爐〕

🌀 材料（2人份）

甜椒……1個
冷凍綠花椰菜……約8朵
小番茄……2～3個

Ⓐ
味噌、鰹魚露（2倍濃縮）……各1小匙
美乃滋……3大匙
市售管狀蒜泥……1cm

🕛 作法

❶ 甜椒去蒂與籽，切成細條，擺在耐熱盤中央。周圍放綠花椰菜，輕輕覆蓋保鮮膜，微波加熱2分鐘。

❷ 混拌Ⓐ裝入小碗，和❶、小番茄一起盛盤。

義大利麵不必先煮

調味料全部同時下鍋！

利用煮麵的時間做沙拉

國家圖書館出版品預行編目資料

極廢食堂：人生無力，更要填飽肚子！ 65 道筋疲力
盡時必備超簡單食譜
初版 .-- 臺北市：三采文化，2020.06
面；公分 .—(好日好食：51)
ISBN 978-957-658-369-8

1. 食譜

427.1   109007531

suncolor 三采文化集團

好日好食 051

極廢食堂：

人生無力，更要填飽肚子！ 65 道筋疲力盡時必備超簡單食譜

作者｜ 犬飼 TSUNA　　插畫｜ 岡村優太 YUTA OKAMURA
副總編輯｜ 王曉雯　責任編輯｜ 徐敬雅　校對｜ 呂佳真
版權選書｜ 張惠鈞　選書編輯｜ 黃迺淳
美術主編｜ 藍秀婷　封面設計｜ 池婉珊　內頁編排｜ Claire Wei

發行人｜ 張輝明　　總編輯｜ 曾雅青　　發行所｜ 三采文化股份有限公司
地址｜ 台北市內湖區瑞光路 513 巷 33 號 8 樓
傳訊｜ TEL:8797-1234　FAX:8797-1688　　網址｜ www.suncolor.com.tw
郵政劃撥｜ 帳號：14319060　戶名：三采文化股份有限公司
本版發行｜ 2020 年 6 月 24 日　定價｜ NT$380

CHIKARATSUKI RECIPE
Copyright © Tsuna Inukai 2019
Chinese translation rights in complex characters arranged with KOBUNSHA CO., LTD.
through Japan UNI Agency, Inc., Tokyo